BEI GRIN MACHT SICH IHR WISSEN BEZAHLT

AF141127

- Wir veröffentlichen Ihre Hausarbeit,
  Bachelor- und Masterarbeit

- Ihr eigenes eBook und Buch -
  weltweit in allen wichtigen Shops

- Verdienen Sie an jedem Verkauf

Jetzt bei www.GRIN.com hochladen und kostenlos publizieren

Bibliografische Information der Deutschen Nationalbibliothek:

Die Deutsche Bibliothek verzeichnet diese Publikation in der Deutschen National-
bibliografie; detaillierte bibliografische Daten sind im Internet über http://dnb.d-
nb.de/ abrufbar.

Impressum:

Copyright © 2012 GRIN Verlag, Open Publishing GmbH
Druck und Bindung: Books on Demand GmbH, Norderstedt Germany
ISBN: 9783656679165

Dieses Buch bei GRIN:

http://www.grin.com/de/e-book/274952/fourier-analysis-in-der-signalverarbeitung

Bernd Kohler

Aus der Reihe: e-fellows.net stipendiaten-wissen

e-fellows.net (Hrsg.)

Band 936

Fourier-Analysis in der Signalverarbeitung

inkl. Einführung in die komplexen Zahlen

GRIN Verlag

GRIN - Your knowledge has value

Der GRIN Verlag publiziert seit 1998 wissenschaftliche Arbeiten von Studenten, Hochschullehrern und anderen Akademikern als eBook und gedrucktes Buch. Die Verlagswebsite www.grin.com ist die ideale Plattform zur Veröffentlichung von Hausarbeiten, Abschlussarbeiten, wissenschaftlichen Aufsätzen, Dissertationen und Fachbüchern.

Besuchen Sie uns im Internet:

http://www.grin.com/

http://www.facebook.com/grincom

http://www.twitter.com/grin_com

Hans-Leipelt-Schule

Staatliche Fach- und Berufsoberschule Donauwörth

Seminararbeit im Fach „Mathematik"

Schuljahr 2012/2013

Fourier-Analysis in der Signalverarbeitung

–

inkl. Einführung in die komplexen Zahlen

Seminararbeit

Vorgelegt von: Bernd Kohler

Inhaltsverzeichnis

1   **Einführung** 1

   1.1 Inhaltliche Hinführung 1

   1.2 Problemstellung 1

   1.3 Zielsetzung 2

2   **Komplexe Zahlen** 3

   2.1 Imaginäre Einheit i 3

   2.2 Rechnen mit komplexen Zahlen 3

   2.3 Gaußsche Zahlenebene 4

   2.4 Konjugation, Betrag und Argument komplexer Zahlen 5

   2.5 Eulersche Identität 5

3   **Fourier-Analysis** 6

   3.1 Idee von Fourier 6

   3.2 Komplexe Fourier-Reihe 6

     3.2.1 Fourier-Reihe von Funktionen mit der Periode 1 7

     3.2.2 Berechnung der komplexen Fourierkoeffizienten 8

     3.2.3 Fourier-Reihe von Funktionen beliebiger Periode T 9

   3.3 Fourier-Reihe mit Sinus und Kosinus 10

   3.4 Reelle Fourierkoeffizienten 11

   3.5 Beispiel: Fourier-Reihe einer Rechteckschwingung 11

   3.6 Kontinuierliche Fouriertransformation 14

   3.7 Praktische Anwendung der Fouriertransformation in der Signalverarbeitung 17

   3.8 Beispiel Tonanalyse 18

4   **Abschlussgedanke** 19

5   **Abbildungsverzeichnis** 20

6   **Literaturverzeichnis** 21

7   **Anhang** 23

1   Einführung

1.1 Inhaltliche Hinführung

Sowohl in der Physik, als auch in der heutigen Technologie ist der Einsatz komplexer Mathematik unverzichtbar. Viele Dinge die heutzutage selbstverständlich erscheinen und über deren Funktionsfähigkeit wir uns keine Gedanken machen, gehen auf die Entdeckungen renommierter Mathematiker zurück. Mit nachfolgender Arbeit wird ein kleiner Teil unseres alltäglichen Lebens mathematisch betrachtet – Wie gelingt es die hervorragende Tonqualität zu erzeugen, die wir kennen? Wie können große Bild- und Audiosignale so schnell übertragen werden? Jene Fragen sollen abschließend beantwortbar sein. Dabei ist die von Joseph Fourier[1] entwickelte Mathematik heute nicht mehr wegzudenken. Sie findet unter anderem Einsatz in der digitalen Signalverarbeitung, der Nachrichten- und Regelungstechnik sowie der Hochfrequenztechnik. Die mathematischen Verfahren geben den Ingenieuren dabei die Möglichkeit zur Analyse[2] und Synthese[3] von Signalen, wodurch ein besseres Verständnis diverser technischer Systeme in den genannten Bereichen erzielt wird.[4] Ein Teil dieses Verständnisses soll in vorliegender Arbeit geschaffen werden.

1.2 Problemstellung

In der Natur treten sehr häufig periodische Funktionen auf. Angefangen beim Herzschlag über Pendelschwingungen bis hin zu Ton und Licht. Als Periode wird dabei jeweils eine bestimmte Zeitdauer bezeichnet. Jedoch liefert die reine Aufnahme solcher Signale, zur Veranschaulichung stellt man sich ein Tonsignal vor, wie es in Abbildung 1 gezeigt wird, nur wenige Informationen, wie etwa die gut ersichtliche Periodenlänge, nach der

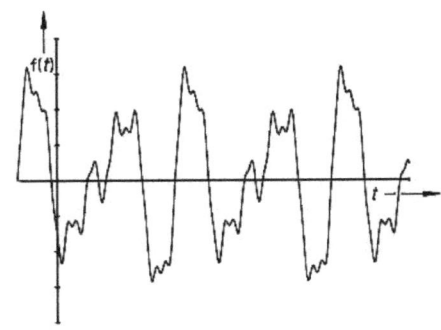

Abbildung 1: ein periodisches Signal

---

[1] Jean Baptiste Joseph Fourier (1768-1830; franz. Mathematiker) veröffentlichte 1822 sein Werk „Théorie analytique de la chaleur"
[2] Zerlegung
[3] Zusammensetzen
[4] Vgl. Bossert/Frey (2004), Vorwort

sich ein bestimmtes Muster wiederholt. Um weitere Informationen gewinnen zu können, muss es gelingen, solche zunächst unüberschaubaren Funktionen einfacher auszudrücken. Die mathematische Umsetzung ist dabei das Kernproblem dieser Seminararbeit. Darüber hinaus wird gezeigt, welcher praktische Nutzen sich damit ergibt.[5]

1.3 Zielsetzung

Ziel ist es derlei unübersichtlich periodische Funktionen möglichst verständlich, das heißt mit den uns vertrauten Sinus- und Kosinusschwingungen, darzustellen. Da der Umgang mit diesen beiden Arten an Schwingungen deutlich einfacher ist, kann mit der zunächst schwer zugänglichen Funktion leichter gearbeitet und mehr Aussagen über sie getroffen werden. Bekannt ist den Meisten dieses Prinzip bei dem bereits eingangs erwähnten Licht. Schickt man dieses durch ein Prisma, erhält man das bekannte Spektrum von Rot nach Violette[6], denn auch das Licht ist nur eine Überlagerung vieler einzelner Schwingungen mit unterschiedlichen Frequenzen[7], die durch das Prisma zerlegt werden (vgl. Abbildung 2).[8] Die nachfolgende Arbeit beschränkt sich auf das Gebiet der Signalverarbeitung, wobei sich zeigen wird, von welcher außerordentlichen Bedeutung diese Methodik hierbei ist.

Abbildung 2: Zerlegung von weißem Licht durch ein Prisma

[5] Vgl. Lang/Pucker (2005), S. 401
[6] Hierbei handelt es sich nur um das sichtbare Spektrum (außerdem: UV- und IR-Bereich)
[7] Anm. d. Verf.: Wellenlängen des sichtbaren Teil des Lichts von ca. 380 bis 780 nm
[8] Vgl. Lang/Pucker (2005), S. 401

2 Komplexe Zahlen

2.1 Imaginäre Einheit i

Zum Zählen genügen gemeinhin die natürlichen Zahlen 1, 2, 3, usw. Möchte man die Gleichung $x^2 = 2$ lösen, so muss man sich schon den reellen Zahlen bedienen. Es wird nun die Gleichung $x^2 = -1$ betrachtet. Mit den uns bekannten Zahlen lässt sich hier für x keine Lösung finden. Daher wird die imaginäre Einheit i eingeführt, für die gilt:

$$i^2 \equiv -1 \; [9]$$

Komplexe Zahlen sind immer aus zwei Bestandteilen aufgebaut, einem Realteil und einem Imaginärteil, welcher mit der imaginären Einheit i multipliziert wird. Sie werden beispielsweise folgendermaßen dargestellt: $z = 5 + 7i$, wobei 5 den Realteil von z beschreibt und 7 dem Imaginärteil entspricht (kurz: $Re(z) = 5 \,; Im(z) = 7$). Jede reelle Zahl lässt sich auch als komplexe Zahl darstellen, indem man schreibt $"reelle\ Zahl" + 0i$. Zahlen mit dem Realteil 0 werden auch als imaginäre Zahlen bezeichnet, z. B. $3i$ bzw. $0 + 3i$. Allgemein gilt für eine komplexe Zahl z:

$$z = a + bi$$

Dabei kennzeichnen a und b reelle Zahlen.[10]

2.2 Rechnen mit komplexen Zahlen

Beim Rechnen mit komplexen Zahlen werden der Realteil und der Imaginärteil, multipliziert mit i, jeweils unabhängig voneinander betrachtet. Die vier Grundrechenarten können daher problemlos auf sie angewandt werden, wie sich an folgenden Beispielen nachvollziehen lässt.

Addition: $(5 + 7i) + (3 - 5i) = 5 + 3 + 7i - 5i = \mathbf{8 + 2i}$

Subtraktion: $(5 + 7i) - (3 - 5i) = 5 - 3 + 7i + 5i = \mathbf{2 + 12i}$

Multiplikation: $(5 + 7i) * (3 - 5i) = 5 * 3 + 5 * (-5i) + 7i * 3 + 7i * (-5i) = 15 - 25i + 21i - 35i^2 = 15 - 4i - 35 * (-1) = \mathbf{50 - 4i}$

Division: $(5 + 7i)/(3 - 5i) = \frac{5+7i}{3-5i}$

Bei der Division muss man sich an dieser Stelle eines kleinen Rechentricks bedienen, sodass im Nenner nur noch eine reelle Zahl vorhanden ist. Hierzu gebraucht man die

---

[9] $\equiv$ steht für Identität, d.h. i^2 und -1 sind beliebig austauschbar
[10] Vgl. Meyberg/Vachenauer (2003), S. 53

dritte binomischen Formel $(a + b) * (a - b) = a^2 - b^2$, d.h. der Bruch muss mit $3 + 5i$ erweitert werden. So ergibt sich im Nenner ein i^2, welches durch -1 ersetzt werden kann. Die Division lässt sich damit folgendermaßen berechnen:

$$(5 + 7i)/(3 - 5i) = \frac{5+7i}{3-5i} * \frac{3+5i}{3+5i} = \frac{15+25i+21i+35i^2}{9+15i-15i-25i^2} = \frac{15+46i+35*(-1)}{9-25*(-1)} = \frac{-20+46i}{34} = -\frac{10}{17} + \frac{23}{17}i \quad [11]$$

2.3 Gaußsche Zahlenebene

Die Gaußsche Zahlenebene[12] (vgl. Abbildung 3), auch komplexe Zahlenebene genannt, erleichtert die Vorstellung der komplexen Zahlen. Dabei wird an der x-Achse der Realteil und an der y-Achse der Imaginärteil der komplexen Zahl dargestellt. Jeder komplexen Zahl $z = a + bi$ wird ein Punkt (a, b) in der Ebene zugeordnet. Alle bisher bekannten reellen Zahlen sind dabei auf der x-Achse[13] vorzufinden. Betrachtet man die komplexen Zahlen als Vektoren in der

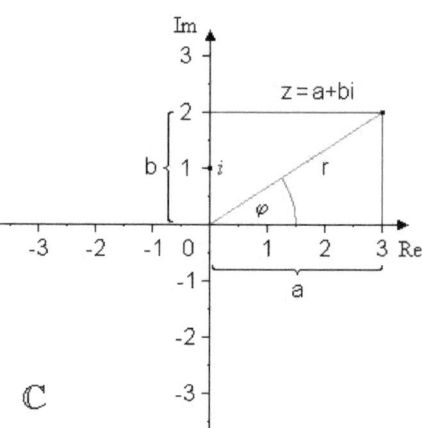

Abbildung 3: Gaußsche Zahlenebene

komplexen Zahlebene, so lassen sich damit die gewöhnlichen Rechenoperationen, wie mit Vektoren, zum Beispiel das Aneinanderhängen der Vektoren bei der Addition, durchführen. Die Multiplikation ist ebenso möglich. Wie sich unter 2.2 gezeigt hat, ergibt sich dabei wieder eine komplexe Zahl. In der Vektorrechnung ist diese Operation als Skalarprodukt bekannt, wobei sich dabei ein Skalar – eine reelle Zahl – ergibt. Geometrisch funktioniert die Multiplikation zweier komplexer Zahlen, indem man ihre Winkel (auch Argument genannt; Erklärung folgt unter 2.4), die sie mit der reellen Achse einschließen, addiert und ihre Längen (auch Betrag genannt; Erklärung folgt unter 2.4) miteinander multipliziert. Analog dazu werden bei der Division die Winkel zweier komplexen Zahlen subtrahiert und ihre Längen dividiert. Eine genauere Erläuterung dieser beiden Sachverhalte wird an gegebener Stelle nicht durchgeführt.

---

[11] Vgl. Meyberg/Vachenauer (2003), S. 53f.
[12] benannt nach Carl Friedrich Gauß (1777-1855), deutscher Mathematiker
[13] Anm. d. Verf.: x-Achse entspricht dem Zahlenstrahl, denn man häufig zur Darstellung von $\mathbb{R}$ nutzt

2.4 Konjugation, Betrag und Argument komplexer Zahlen

Von großer Bedeutung bei den komplexen Zahlen ist das Komplex Konjugierte. Die entsprechende Rechenoperation heißt komplex konjugieren und entspricht der Umkehrung des Vorzeichens des Imaginärteils. Wie man bereits bei der Division gesehen hat, wird das Komplex Konjugierte des Nenners zur Lösung der Rechnung eingesetzt. Wird eine komplexe Zahl mit z bezeichnet, so schreibt man für sein Komplex Konjugiertes $\bar{z}$ (sprich: „z quer"), d.h. für $z = 5 + 7i$ lautet das Komplex Konjugierte $\bar{z} = 5 - 7i$. In der Gaußschen Zahlenebene (vgl. Abbildung 3) gleicht die Operation der komplexen Konjugation, der Spiegelung der komplexen Zahl an der reellen Achse.

Der Betrag einer komplexen Zahl entspricht dem Abstand von ihr zum Ursprung. In Abbildung 3 wird diese Länge mit r bezeichnet und lässt sich leicht mit dem Satz des Pythagoras berechnen. Für den Betrag $r = |z|$ der komplexen Zahl $z = a + bi$ gilt:

$$r = \sqrt{a^2 + b^2} \text{ }^{14}$$

Auch auf alle reellen Zahlen, deren Betrag wir mühelos berechnen können, lässt sich diese Definition anwenden, da hier $b = 0$ ist.

Als Argument einer komplexen Zahl wird der Winkel bezeichnet, den die Zahl, als Vektor interpretiert, mit der positiven reellen Achse einschließt. In Abbildung 3 ist dieser Winkel φ. Für das Argument $\varphi = \arg(z)$ der komplexen Zahl $z = a + bi$ gilt:

$$\varphi = \arg(z) = arctan\frac{b}{a} \text{ }^{1516}$$

2.5 Eulersche Identität

Es wird noch einmal Abbildung 3 betrachtet. Man erkennt schnell, dass sich die Werte a und b der komplexen Zahl $z = a + bi$ auch anders darstellen lassen. Für a gilt $a = cos\varphi * r$ und entsprechend für $b = sin\varphi * r$. Mit dieser Erkenntnis lässt sich für die komplexe Zahl z auch schreiben: $z = (cos\varphi + i * sin\varphi) * r$.

Führt man diese Überlegungen, auf die in vorliegender Arbeit nicht näher eingegangen wird, fort, so kommt man zu der Erkenntnis, dass alle Zahlen z mit dem Betrag 1,

---

[14] Vgl. Meyberg/Vachenauer (2003), S. 55
[15] Vgl. Lang/Pucker (2005), S. 45
[16] gilt nur für $a > 0$, ansonsten ergibt sich durch den $arctan$ der falsche Winkel

ebenso folgendermaßen dargestellt werden können: $z = e^{i\varphi}$. Damit ergibt sich für $r = 1$ nachfolgende Beziehung:

$$e^{i\varphi} = cos\varphi + isin\varphi \; [17]$$

Dabei ist mit φ immer im Bogenmaß zu rechnen. Diese Beziehung wird als Eulersche Identität bezeichnet und erleichtert nachfolgende Rechnungen enorm.

3   Fourier-Analysis

3.1 Idee von Fourier

Der französische Mathematiker Jean Baptiste Joseph Fourier hatte Anfang des 19. Jahrhunderts die Idee, dass sich jede periodische Funktion als eine Überlagerung von sinusförmigen Funktionen darstellen lässt, wofür er die Fourier-Reihen entwickelte. In Abbildung 4 wird die Approximation

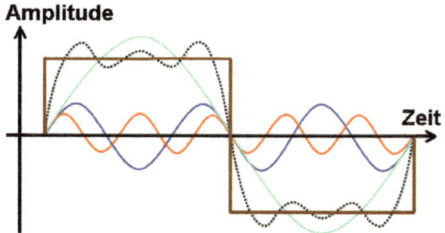

Abbildung 4: Überlagerung von Sinuswellen

an die braune Rechteckfunktion gezeigt. Durch Überlagerung der roten, blauen und grünen Sinuswelle ergibt sich die gestrichelte Welle, welche bereits eine grobe Annäherung an die gezeigte Rechteckfunktion ist. Umso mehr Sinuswellen aufaddiert werden, desto genauer wird die Annäherung. Dabei wird die Sinuswelle mit der kleinsten Frequenz als Grundwelle bezeichnet, alle weiteren Sinuswellen haben ein ganzzahliges Vielfaches der Grundwellenfrequenz und werden als Oberwellen bezeichnet. Weiter stellte er fest, dass sich auch aperiodische Funktionen, in sehr guter Näherung, so darstellen lassen. Diese Operation wird als Fourier-Transformation bezeichnet. Beide Methoden werden nachfolgend beleuchtet.

3.2 Komplexe Fourier-Reihe

Mit Fourier-Reihen gelingt es periodische Funktionen, welche der Eigenschaft $f(x) = f(x + T)$ genügen, wobei T die Periode der Funktion $f(x)$ ist, als eine Überlagerung von sinusförmigen Funktionen darzustellen. Das bedeutet, dass sich jede periodische Funktion durch sin- und cos-Funktionen darstellen lässt. Dies ist

---

[17] Vgl. Lang/Pucker (2005), S. 52ff.

möglich, da die Sinuswellen die natürlichen Wellen sind, d.h. jegliche natürliche Schwingung kann mit dem Sinus beschrieben werden. Insbesondere bei gering schwingenden Systemen lässt sich die Sinusform oftmals gut erkennen.

Eine solch ähnliche Umformung ist bereits vielen bekannt, so lässt sich jede Potenzfunktion mit der eulerschen Zahl e als Basis beschreiben, ebenso wie der natürliche Logarithmus für jede Logarithmusfunktion angewandt werden kann. Die Fourier-Reihe kann man sich als eine Auflistung vieler einzelner Sinusschwingungen mit unterschiedlichen Frequenzen und Amplituden vorstellen, bei deren Überlagerung sich die ursprüngliche Schwingung bzw. Funktion ergibt. Mathematisch wird bei der Überlagerung jeder Funktionswert der einzelnen Sinusschwingungen bei gleicher Abszisse miteinander addiert. Das Zusammensetzen ist das Gegenteil der Fourieranalyse und wird als Fouriersynthese bezeichnet.[181920]

3.2.1 Fourier-Reihe von Funktionen mit der Periode 1
Im Folgenden werden nur stetig differenzierbare Zeitfunktionen mit der Periode 1 betrachtet, d.h. $f(t) = f(t + 1)$. Es muss beachtet werden, dass alle Funktionen mit der Periode eines Bruchteils von 1 (Periode $T \in \{0,1; 0,25; \frac{1}{3}; 0,5; \dots\}$) auch die Periode 1 besitzen. Es kann immer nur eine minimale Periodenlänge bestimmt werden, alle ganzzahligen Vielfachen davon sind auch Perioden der Funktion. Jene periodischen Funktionen sollen nun mit Sinuswellen dargestellt werden. Hierzu bedient man sich dem Term $e^{2\pi i n t}$ für $n \in \mathbb{Z}$, welcher nach der Eulerformel auch wie folgt geschrieben werden kann: $\cos(2\pi n t) + i * \sin(2\pi n t)$. Es wird ersichtlich, dass die zu analysierende Funktion in Kosinus- und Sinusschwingungen zerlegt wird, deren Frequenz von n abhängig ist. Für n sind dabei auch negative Zahlen möglich und notwendig. Dieser Term wird die Basis nachfolgender Fourier-Analysis. Die Funktion $f(t)$ wird dabei als Summe dieser Terme in Abhängigkeit von n dargestellt:

$$f(t) = \sum_{n=-\infty}^{\infty} c_n * e^{2\pi i n t} \quad [21]$$

Mit c_n werden die „komplexen Fourierkoeffizienten" bezeichnet. Sie geben sowohl die Amplitude, als auch die Phase der einzelnen Sinuswellen mit der Frequenz n an.

---

[18] Vgl. Glatz/Grieb/Hohloch/Kümmerer/Mohr (1996), S. 5
[19] Vgl. Lang/Pucker (2005), S. 401ff.
[20] Vgl. Meyberg/Vachenauer (2006), S. 285
[21] Vgl. Bronstein/Semendjajew/Musiol/Mühlig (2005), S. 437f.

3.2.2 Berechnung der komplexen Fourierkoeffizienten

Vergleichbar mit den Einheitsvektoren im $\mathbb{R}^3$, mit denen sich jeder Vektor darstellen lässt, lassen sich mit den komplexen Fourierkoeffizienten alle periodischen Schwingungen aufbauen. Sie besitzen sogar ähnliche Eigenschaften wie die Einheitsvektoren. Wie bereits in Abschnitt 2.5 erwähnt, besitzen alle komplexen Zahlen $e^{i\varphi}$ und somit auch $e^{2\pi i n t}$ (für $\varphi = 2\pi n t$; $n \in \mathbb{Z}$) den Betrag 1. Weiter stehen alle komplexen Fourierkoeffizienten senkrecht aufeinander. Dies lässt sich geometrisch nur schwer vorstellen, jedoch mathematisch leicht beweisen. Dazu wird $e^{2\pi i n t}$ als Vektor in einem Vektorraum der Funktionen mit Periode 1 betrachtet. Bekanntlich stehen zwei Vektoren senkrecht aufeinander, wenn sich für deren Skalarprodukt null ergibt. Für das Skalarprodukt zweier solcher komplexer Funktionen schreibt man nun $< f_1, f_2 >$ und es ist wie folgt definiert: $< f_1, f_2 > = \int_0^1 \overline{f_1(t)}\, f_2(t)\, dt$. Das bedeutet, man bildet das Integral des Produkts der einen Funktion, in komplex konjugierter Form (Konjugation: siehe 2.4), mit der anderen Funktion, über eine Periodenlänge. Es wird nun das Skalarprodukt von $f_a = e^{2\pi i a t}$ und $f_b = e^{2\pi i b t}$ für $a \neq b$; $a, b \in \mathbb{Z}$ berechnet:

$< f_a, f_b > = \int_0^1 \overline{f_a(t)}\, f_b(t)\, dt = \int_0^1 \overline{e^{2\pi i a t}}\, e^{2\pi i b t}\, dt =$

$\int_0^1 e^{-2\pi i a t}\, e^{2\pi i b t}\, dt = \int_0^1 e^{-2\pi i a t + 2\pi i b t}\, dt = \int_0^1 e^{2\pi i (b-a)t}\, dt =$

$\left[\frac{e^{2\pi i (b-a)t}}{2\pi i (b-a)} \right]_0^1 = \frac{e^{2\pi i (b-a)1}}{2\pi i (b-a)} - \frac{e^{2\pi i (b-a)0}}{2\pi i (b-a)} = \frac{e^{2\pi i (b-a)}}{2\pi i (b-a)} - \frac{1}{2\pi i (b-a)}$

Da a und b zwei ganze Zahlen sind, ist auch deren Differenz $(b - a)$ eine ganze Zahl. Somit ergibt sich für $e^{2\pi i (b-a)} = 1$. Es folgt $< f_a, f_b > = \frac{1}{2\pi i (b-a)} - \frac{1}{2\pi i (b-a)} = 0$ und somit gilt die Orthogonalität dieser beiden Funktionen.[22] Es wurde aufgezeigt, dass alle $e^{2\pi i n t}$ für $n \in \mathbb{Z}$ jeweils zueinander senkrecht sind und den Betrag 1 besitzen – Eigenschaften, die bereits von den Einheitsvektoren im $\mathbb{R}^3$ bekannt sind.

Nun wird eine Funktion f mit der Periode 1 angenommen, die sich folgendermaßen zerlegen lässt: $f(t) = \sum_{b=-\infty}^{\infty} c_b * e^{2\pi i b t}$. Nachfolgend wird das Skalarprodukt dieser Funktion f mit dem Term $e^{2\pi i a t}$ für alle $a \in \mathbb{Z}$ berechnet:

$< e^{2\pi i a t}, f > = \int_0^1 \overline{e^{2\pi i a t}}\, f(t)\, dt = \int_0^1 e^{-2\pi i a t} \sum_{b=-\infty}^{\infty} c_b * e^{2\pi i b t}\, dt =$

$\sum_{b=-\infty}^{\infty} c_b \int_0^1 e^{-2\pi i a t}\, e^{2\pi i b t}\, dt = \sum_{b=-\infty}^{\infty} c_b \int_0^1 e^{-2\pi i a t + 2\pi i b t}\, dt = \sum_{b=-\infty}^{\infty} c_b \int_0^1 e^{2\pi i (b-a)t}\, dt.$

Das Integral $\int_0^1 e^{2\pi i (b-a)t}\, dt$ wurde vorangehend für $a \neq b$ als 0 bestimmt. Interessant ist nun der Fall $a = b$, d.h. $b - a = 0$, indem sich sich für $e^{2\pi i (b-a)t} = 1$ und somit in

---

[22] Vgl. Lang/Pucker (2005), S. 387ff.

diesem Fall auch für das Integral $\int_0^1 e^{2\pi i(b-a)t}\, dt = 1$ ergibt. Mit diesem Wissen kann man in der Praxis nun den gesuchten komplexen Fourierkoeffizienten c_a für diese Funktion mit der Periode 1 bestimmen, indem man maschinell das Skalarprodukt $< e^{2\pi i at}, f >$ berechnet. b durchläuft dabei einen Großteil der ganzen Zahlen von $-\infty$ bis ∞. Nur für den einen Fall $a = b$ ergibt sich eine Lösung, welche dem komplexen Fourierkoeffizienten c_a entspricht:

$$c_a = \int_0^1 \overline{e^{2\pi i at}}\, f(t)\, dt = \int_0^1 e^{-2\pi i at}\, f(t)\, dt$$

Veranschaulichend wird das Beispiel $a = 2$ betrachtet. Die Lösungen des Integrals und somit die des Skalarprodukt, lassen sich nun tabellarisch aufzeigen:

b	$\int_0^1 e^{2\pi i(b-a)t}\, dt$	$\int_0^1 \overline{e^{2\pi i at}}\, f(t)\, dt$
...		
-2	0	$c_{-2} * 0$
-1	0	$c_{-1} * 0$
0	0	$c_0 * 0$
1	0	$c_1 * 0$
2	1	$c_2 * 1$
3	0	$c_3 * 0$
...		

Man erkennt, dass sich nur für $b = 2$ eine positive Lösung des Integrals ergibt, d.h. bei der Summenbildung bleiben alle c_b für $b \neq 2$ unberücksichtigt. Die Lösung in diesem Beispiel, ist nur der komplexe Fourierkoeffizient c_2. Das Herausfinden dieser komplexen Fourierkoeffizienten nennt sich Fourieranalyse.

3.2.3 Fourier-Reihe von Funktionen beliebiger Periode T

Bisher wurden lediglich Funktionen mit der Periode 1 betrachtet. In der Signalverarbeitung treten hingegen auch Signale mit weitaus anderen Perioden auf. Das Skalarprodukt ist hierbei wie folgt definiert: $< f_1, f_2 > = \frac{1}{T}\int_0^T \overline{f_1(t)}\, f_2(t)\, dt$. Man erkennt, dass weiterhin über eine Periodenlänge integriert wird, jedoch wird nun mit dem Faktor $\frac{1}{T}$ eine Art Mittelwert gebildet, welcher bei der Periode 1 noch nicht ersichtlich war. Als Basis für solche Signale nimmt man folglich den Term $e^{2\pi i n\frac{t}{T}}$ für $n \in \mathbb{Z}$. Für die Fourier-Reihe eines Signals mit der Periodenlänge T gilt demnach:

$$f(t) = \sum_{n=-\infty}^{\infty} c_n * e^{2\pi i n\frac{t}{T}} \quad [23]$$

Um die komplexen Fourierkoeffizienten herauszufinden, bildet man wieder das Skalarprodukt von $e^{2\pi i n\frac{t}{T}}$ mit der zu zerlegenden Originalfunktion f, d.h. $< e^{2\pi i n\frac{t}{T}}, f >$.

---

[23] Vgl. Glatz/Grieb/Hohloch/Kümmerer/Mohr (1996), S. 23

Allgemein folgt damit für die komplexen Fourierkoeffizienten c_n die Lösung

$$c_n = \frac{1}{T}\int_0^T e^{-2\pi i n \frac{t}{T}} \mathbf{f(t)} \, \mathbf{dt}. \text{ [24]}$$

Für jedes n kann man damit den komplexen Fourierkoeffizienten c_n, eine komplexe Zahl, bestimmen. Wenn man diese Koeffizienten in die Formel für $f(t)$ einsetzt, erhält man wieder die Originalfunktion.

Zur Illustration lässt sich auch hier die Analogie zu den Einheitsvektoren betrachten.

Möchte man einen Vektor, z.B. $\begin{pmatrix} -5 \\ 1 \\ 5 \end{pmatrix}$, mit den Einheitsvektoren darstellen, so schreibt

man $\begin{pmatrix} -5 \\ 1 \\ 5 \end{pmatrix} = x_1 * \begin{pmatrix} 1 \\ 0 \\ 0 \end{pmatrix} + x_2 * \begin{pmatrix} 0 \\ 1 \\ 0 \end{pmatrix} + x_3 * \begin{pmatrix} 0 \\ 0 \\ 1 \end{pmatrix}$. Um nun die Koeffizienten x_1, x_2, x_3

herauszufinden, lässt sich ebenso das Skalarprodukt der Einheitsvektoren mit dem

Vektor berechnen, z. B. $x_1 = \begin{pmatrix} -5 \\ 1 \\ 5 \end{pmatrix} \circ \begin{pmatrix} 1 \\ 0 \\ 0 \end{pmatrix} = -5$.

3.3 Fourier-Reihe mit Sinus und Kosinus

Bei der soeben betrachteten komplexen Fourier-Reihe ist der Einsatz negativer Frequenzen und komplexer Zahlen von Nöten. Mit der Eulerschen Identität $e^{i\varphi} = cos\varphi + isin\varphi$ lässt sich dies umgehen. Zunächst die Formel der Fourier-Synthese mit Sinus und Kosinus, welche nachfolgend beleuchtet wird:

$$f(t) = \frac{a_0}{2} + \sum_{n=1}^{\infty}(a_n cos(2\pi n \frac{t}{T}) + b_n sin(2\pi n \frac{t}{T})) \text{ [25]}$$

Der Summand $\frac{a_0}{2}$ ist hierbei notwendig, um eine mögliche Verschiebung der Funktion in y-Richtung anzugeben. In der Signalverarbeitung spricht man dabei häufig vom sogenannten Gleichspannungsversatz. Nachfolgend werden wieder alle Kosinus- und Sinuswellen für $n \in \mathbb{Z}^+$ aufsummiert, deren Amplituden und Phasen durch die reellen Fourierkoeffizienten a_n und b_n bestimmt werden.

Hat man in der Praxis ein gerades periodisches Signal, d.h. mit der Eigenschaft $f(t) = f(-t)$, so weiß man, dass sich dieses nur in Kosinuswellen zerlegen lässt, da

---

[24] Vgl. Bronstein/Semendjajew/Musiol/Mühlig (2005), S. 437f.
[25] Vgl. Glatz/Grieb/Hohloch/Kümmerer/Mohr (1996), S. 11f.

nur der Kosinus dieselbe Achsensymmetrie zur y-Achse aufweist, d.h. alle b_n für $n \in \mathbb{Z}^+$ sind in diesem Fall 0. Umgekehrt muss für ungerade periodische Signale mit der Eigenschaft $f(t) = -f(-t)$ gelten, dass alle a_n für $n \in \mathbb{Z}^+$ 0 sind, da nur der Sinus punktsymmetrisch zum Ursprung ist. Ebenso muss $\frac{a_0}{2} = 0$ sein, da bei einer Verschiebung des Signals in y-Richtung die Punktsymmetrie verloren ginge.

3.4 Reelle Fourierkoeffizienten

Es lassen sich mehrere Wege finden die reellen Fourierkoeffizienten a_n und b_n zu berechnen. Der einfachste ist dabei der Weg über die Eulerformel. Da das Hauptaugenmerk dieser Arbeit auf der komplexen Darstellung liegt, wird eine exakte Herleitung an dieser Stelle nicht durchgeführt. Für die reellen Fourierkoeffizienten ergeben sich nachfolgende Formeln:

$$a_n = \frac{2}{T} \int_0^T \cos\left(2\pi n \frac{t}{T}\right) f(t) \, dt \quad f\ddot{u}r \, n \in \{0; 1; 2; \dots\}$$

$$b_n = \frac{2}{T} \int_0^T \sin\left(2\pi n \frac{t}{T}\right) f(t) \, dt \quad f\ddot{u}r \, n \in \{1; 2; 3; \dots\} \,[26]$$

Mit den Methoden der partiellen Integration, welche hier nicht näher ausgeführt werden, lässt sich zeigen, dass die Terme $cos(2\pi n \frac{t}{T})$ und $sin(2\pi n \frac{t}{T})$ ähnliche Eigenschaften aufweisen wie $e^{2\pi i n t}$, d.h. sie haben ebenfalls alle die gleiche Norm („Länge") und stehen jeweils senkrecht aufeinander, somit sind sie gleichermaßen eine geeignete Basis, um alle periodischen Funktionen mit ihnen darzustellen.

3.5 Beispiel: Fourier-Reihe einer Rechteckschwingung

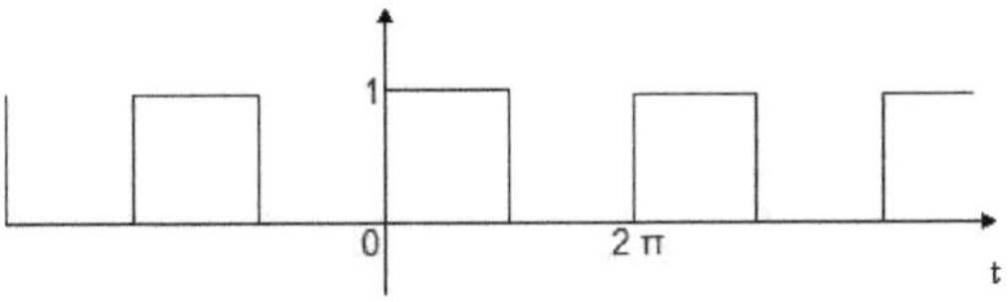

Nachfolgend wird eine 2π-periodische Rechteck-schwingung (vgl. Abbildung 5) betrachtet. Bei streng mathematischer Auffassung, dürfte es die senkrechten

Abbildung 5: Rechteckschwingung mit Periode 2π

Striche bei 0, π, 2π, usw. nicht geben, da jedem x-Wert nur ein Funktionswert zugeordnet werden kann, doch auch in der Praxis, z. B. auf einem Oszilloskop, wird

---

[26] Vgl. Glatz/Grieb/Hohloch/Kümmerer/Mohr (1996), S. 12

das Signal in dieser Form angezeigt. Für die Funktionsgleichung der Rechteckschwingung gilt $f(t) = \begin{cases} 1 \text{ für } 0 < t < \pi \\ 0 \text{ für } \pi < t < 2\pi \end{cases}$ und $f(t) = f(t + 2\pi).$[27] Es wird mit der Bestimmung des komplexen Fourierkoeffizienten c_0 für $n = 0$ begonnen. Es folgt

$c_0 = \frac{1}{2\pi} \int_0^{2\pi} e^{-2\pi i 0 \frac{t}{2\pi}} f(t) \, dt = \frac{1}{2\pi} \int_0^{2\pi} 1 * f(t) \, dt$. Betrachtet man nun den Graphen, kann man ohne zu rechnen das Integral, d.h. die Fläche unter dem Graphen im Bereich 0 bis 2π, ablesen. Sie beträgt π und damit ergibt sich für $c_0 = \frac{1}{2\pi} * \pi = \frac{1}{2}$. Dieses Ergebnis ist absolut plausibel, denn c_0 gibt die Verschiebung der Funktion in y-Richtung an, welche in diesem Fall offensichtlich $\frac{1}{2}$ in positiver Richtung ist. Allgemein gilt für

$c_n = \frac{1}{2\pi} \int_0^{2\pi} e^{-2\pi i n \frac{t}{2\pi}} f(t) \, dt = \frac{1}{2\pi} \int_0^{2\pi} e^{-int} f(t) \, dt$. Da $f(t)$ abschnittsweise definiert ist,

lässt sich das Integral wie folgt aufteilen: $c_n = \begin{cases} \frac{1}{2\pi} \int_0^{\pi} e^{-int} f(t) \, dt \\ \frac{1}{2\pi} \int_\pi^{2\pi} e^{-int} f(t) \, dt \end{cases}$.

Das Integral im Bereich von π bis 2π ist nach dem Graphen aus Abbildung 5 offensichtlich 0, sodass $c_n = \frac{1}{2\pi} \int_0^{\pi} e^{-int} f(t) \, dt$ ist. Betrachtet man nun den Bereich von 0 bis π, so erkennt man, dass die Funktion $f(t)$ dort konstant 1 ist, für c_n ergibt sich somit $c_n = \frac{1}{2\pi} \int_0^{\pi} e^{-int} * 1 \, dt = \frac{1}{2\pi} \int_0^{\pi} e^{-int} \, dt$.

Dieses Integral lässt sich nun leicht berechnen, dazu bildet man die Stammfunktion:

$c_n = \frac{1}{2\pi} \left[\frac{1}{-in} e^{-int} \right]_0^{\pi} = \frac{1}{-2\pi in} \left[e^{-int} \right]_0^{\pi} = \frac{1}{-2\pi in} \left[e^{-in\pi} - e^{-in0} \right] = \frac{1}{-2\pi in} \left[e^{-in\pi} - 1 \right]$.[28] Um $e^{-in\pi}$ für alle $n \in \mathbb{Z}$ ermitteln zu können, ist es hilfreich, sich die Gaußsche Zahlenebene (vgl. Abbildung 3) vorzustellen. Es ist bekannt, dass alle komplexen Zahlen $e^{i\varphi}$ den Betrag 1 besitzen, d.h. sich auf dem Einheitskreis in dieser Zahlenebene befinden. Diese komplexe Zahl $e^{-in\pi}$ mit $\varphi = n\pi$ wird nun durch n am Einheitskreis gedreht, für $n = 1$ ergibt sich $e^{-i\pi}$, d.h. eine Drehung von π, welche 180° entspricht. $e^{-i\pi}$ ist somit -1. Für $n = 2$ erhält man $e^{-i2\pi}$, dies entspricht einer kompletten Umdrehung am Einheitskreis und somit ergibt sich wieder der Wert 1. Für man diese Überlegungen fort, erkennt man sofort, dass sich für alle ungeraden n -1 und für alle geraden n 1 ergibt. Ebenso folgt damit, dass die Klammer $\left[e^{-in\pi} - 1 \right]$ für alle geraden n 0 ist. Demnach kommen nur alle ungeraden n für die Bildung der komplexen Fourierkoeffizienten in Frage, denn hier ergibt sich in der Klammer -2:

[27] Vgl. Glatz/Grieb/Hohloch/Kümmerer/Mohr (1996), S. 5
[28] für $n \neq 0$; Fall $n = 0$ bereits vorhergehend betrachtet

$$c_n = \begin{cases} 0 \,, wenn\ n\ gerade; n \neq 0 \\ \dfrac{1}{\pi i n} \,, wenn\ n\ ungerade \end{cases}.$$

Somit haben wir nun alle komplexen Fourierkoeffizienten für $n \in \mathbb{Z}$ ermittelt $(c_0 = \frac{1}{2}; c_1 = \frac{1}{i\pi}; c_2 = 0; c_3 = \frac{1}{3i\pi}; \ldots)$. Für das Spektrum der Rechteckschwingung (vgl. Abbildung 6) ergibt sich damit die sinusförmige Grundschwingung, sowie die Ober-

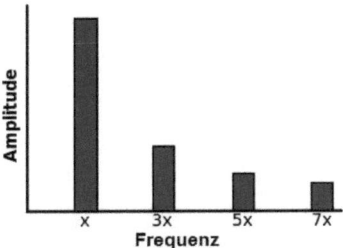

Abbildung 6: Spektrum der Rechteckschwingung

schwingungen mit dreifacher Frequenz, einem Drittel der Amplitude, mit fünffacher Frequenz, einem Fünftel der Amplitude, usw. sowie die Konstante $\frac{1}{2}$, welche in der Signalverarbeitung dem Gleichspannungsversatz entspricht.

Mathematisch umständlicher, jedoch anschaulicher, ist die Zerlegung mittels reeller Fourierkoeffizienten. Wie unter 3.3 beschrieben, gibt $\frac{a_0}{2}$ den Gleichspannungsversatz an, d.h. $a_0 = 1$. Für alle $n \neq 0$ folgt für $a_n = \frac{2}{2\pi}\int_0^{2\pi} \cos\left(2\pi n \frac{t}{2\pi}\right) f(t)\ dt$. Wie schon bei den komplexen Fourierkoeffizienten, ist das Integral von π bis 2π 0 und $f(t) = 1$ von 0 bis π. Damit lässt sich a_n mühelos berechnen: $a_n = \frac{1}{\pi}\int_0^{\pi} \cos(nt)\,dt = \frac{1}{\pi}\left[\frac{1}{n}\sin(nt)\right]_0^{\pi} = \frac{1}{\pi}\left[\frac{1}{n}\sin(n\pi) - \frac{1}{n}\sin(n0)\right]$. Betrachtet man die natürliche Sinusfunktion, so stellt man fest, dass sie an der Stelle 0 und dann π-periodisch Nullstellen besitzt, d.h. egal für welche n ergibt sich immer $\frac{1}{\pi}[0 - 0]$, somit sind alle a_n für $n \neq 0$ null. Daraus folgt, dass keine Kosinuswellen auftreten. Dies muss auch so sein, da die ursprüngliche Rechteckfunktion, d.h. ohne Gleichspannungsversatz, punktsymmetrisch zum Ursprung ist (vgl. dazu 3.3). Analog folgt für $b_n = \frac{1}{\pi}\int_0^{\pi} \sin(nt)\,dt = \frac{1}{\pi}\left[-\frac{1}{n}\cos(nt)\right]_0^{\pi} = \frac{1}{\pi}\left[-\frac{1}{n}\cos(n\pi) + \frac{1}{n}\cos(n0)\right] = \frac{1}{\pi}\left[-\frac{1}{n}(\cos(n\pi) + 1)\right]$. Betrachtet man nun die natürliche Kosinusfunktion, so ist sie an den Stellen $\pi = -1$, $2\pi = 1$, $3\pi = -1$, usw. Es folgt, dass sich für alle geraden n $\frac{1}{\pi}\left[-\frac{1}{n}(\cos(n\pi) + 1)\right] = 0$ und für alle ungeraden n $\frac{1}{\pi}\left[-\frac{1}{n}(\cos(n\pi) + 1)\right] = \frac{1}{\pi n}[-(-1) + 1] = \frac{2}{\pi n}$ ergibt. Ähnlich wie bei den komplexen Fourierkoeffizienten c_n, hat man damit für b_n nachstehende Lösung:

$$b_n = \begin{cases} 0 \,, wenn\ n\ gerade; n \neq 0 \\ \dfrac{2}{\pi n} \,, wenn\ n\ ungerade \end{cases}$$

Die Rechteckschwingung $f(t)$ lässt sich nun mit der Formel $f(t) = \frac{1}{2} + \sum_{n=1,3,5,...}^{\infty} \frac{2}{\pi n} sin(nt)$ (vgl. 3.3) synthetisieren. Annäherungsweise lässt sich diese Rechnung mit dem Tabellenkalkulationsprogramm Excel durchführen (siehe Anhang). Man erkennt die Rechteckschwingung umso genauer, desto mehr Summanden aufsummiert werden. Das Überschwingen an den Sprungstellen wird als „Gibbssches Phänomen" bezeichnet.[29] Dessen nähere Erläuterung ist nicht Inhalt dieser Arbeit.

3.6 Kontinuierliche Fouriertransformation

Mit Hilfe der kontinuierlichen Fouriertransformation[30] können auch nicht-periodische Funktionen in sinusförmige Funktionen zerlegt werden. Der große Vorteil der dabei entsteht, ist, dass man mit Frequenzen einzelner Sinus-Funktionen arbeiten kann, anstatt mit aperiodischen, zeitabhängigen Signalen.[31] In der Praxis, wobei überwiegend nicht-periodische Funktionen existieren, ist dies von großer Bedeutung, zum Beispiel bei der Auswertung von aufgenommenen Audiosignalen, wonach dann Bauteile wie Audio-Filter o.ä. hergestellt werden können, da man nun gezielte Frequenzbereiche betonen oder unterdrücken kann. Ein beliebiges Signal wird hierfür in die einzelnen Sinus-Funktionen zerlegt. Um das ersehnte Ausgangssignal zu erhalten, verstärkt/schwächt der Audio-Filter die Amplituden der einzelnen Sinus-Funktionen und/oder verschiebt zugleich deren Phase. Nach der Synthese, d.h. dem Überlagern der bearbeiteten Sinus-Funktionen, entsteht das gewünschte Ausgangssignal. Zur Anwendung der Fourier-Mathematik nimmt man einen Teil der Funktion, bestimmt diesen als eine Periode und baut daraus eine neue periodische Funktion. Dieser Prozess lässt sich schematisch in den Abbildungen 7 und 8 erkennen.

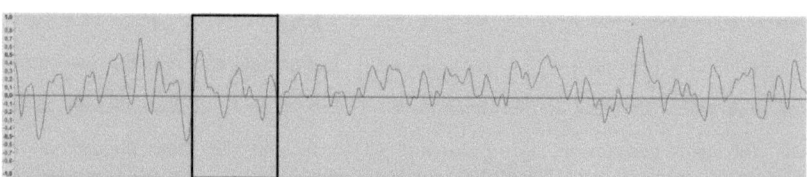

Abbildung 7: nicht periodisches Signal mit Ausschnitt

---

[29] Vgl. Glatz/Grieb/Hohloch/Kümmerer/Mohr (1996), S. 15ff.
[30] Anm. d. Verf.: Aus Vereinfachungsgründen oft nur mit Fourier-Transformation bezeichnet
[31] Vgl. Lang/Pucker (2005), S. 427f.

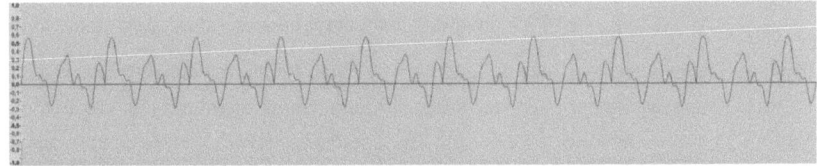

Abbildung 8: periodisches Signal, gebildet aus vorherigem Ausschnitt

In der Praxis wird dabei eine möglichst große Periode gewählt, sodass sich die Funktion, mit der gewöhnlichen Fourier-Reihe $\sum_{n=-\infty}^{\infty} c_n * e^{2\pi i n \frac{t}{T}}$, bereits für einen möglichst großen Zeitraum bilden lässt. Für die Periode T gilt $T \to \infty$ und somit ist die Originalfunktion ein Grenzwert für die Funktion, die sich mit der Fourier-Reihe bilden lässt, denn für immer größere Perioden T nähert sich die gebildete Funktion dem Original an: $f(t) = \lim_{T\to\infty} \sum_{n=-\infty}^{\infty} c_n * e^{2\pi i n \frac{t}{T}}$. Die komplexen Fourierkoeffizienten c_n lassen sich dabei wie gewohnt durch die Integration über eine Periodenlänge, hier von $-\frac{T}{2}$ bis $\frac{T}{2}$, bilden: $c_n = \frac{1}{T}\int_{-T/2}^{T/2} e^{-2\pi i n \frac{t}{T}} f(t_1)dt_1$. Somit ergibt sich für $f(t)$:

$$f(t) = \lim_{T\to\infty} \sum_{n=-\infty}^{\infty} \frac{1}{T}\int_{-T/2}^{T/2} e^{-2\pi i n \frac{t_1}{T}} f(t_1)dt_1 * e^{2\pi i n \frac{t}{T}}$$

Um diesen Ausdruck zu erleichtern, wird die Hilfsgröße $\omega = \frac{2\pi n}{T}$ eingeführt, die sich in Schritten $\Delta\omega = \frac{2\pi}{T}$ von $-\infty$ bis ∞ verändert. Für große Periodenlängen T gilt $\Delta\omega \to 0$. Der Ausdruck $\Delta\omega = \frac{2\pi}{T}$ kann umgeformt werden zu $\frac{\Delta\omega}{2\pi} = \frac{1}{T}$, wodurch sich nun $f(t)$ auch wie folgt schreiben lässt:

$$f(t) = \lim_{\Delta\omega\to 0} \sum_{\omega=-\infty}^{\infty} \frac{\Delta\omega}{2\pi}\int_{-\pi/\Delta\omega}^{\pi/\Delta\omega} e^{-i\omega t_1} f(t_1)dt_1 * e^{i\omega t}$$

Es wird nachfolgend das Integral $\int_{-\pi/\Delta\omega}^{\pi/\Delta\omega} e^{-i\omega t_1} f(t_1)dt_1$ für $\Delta\omega \to 0$ betrachtet. Für die Integrationsgrenzen folgt dabei $-\frac{\pi}{\Delta\omega} \to -\infty$ und $\frac{\pi}{\Delta\omega} \to \infty$. Im Grenzwert kann man für das Integral somit $\int_{-\infty}^{\infty} e^{-i\omega t_1} f(t_1)dt_1$ schreiben. Dieses Integral ist jedoch nur sinnvoll, wenn die Fläche, die der Graph von $f(t_1)$ mit der x-Achse einschließt, begrenzt groß ist, d.h. es muss $\int_{-\infty}^{\infty} |f(t_1)|dt_1 < \infty$ gelten. In der Signaltechnik spricht man dabei von einem absolut integrierbaren Signal. Die Summe $\sum_{\omega=-\infty}^{\infty}[...]$ verläuft in Schritten von $\Delta\omega$, aufsummiert wird dabei das Produkt aus $\Delta\omega$ und dem Restterm

$\frac{1}{2\pi} \int_{-\pi/\Delta\omega}^{\pi/\Delta\omega} e^{-i\omega t_1} f(t_1) dt_1 * e^{i\omega t}$. Geometrisch betrachtet bedeutet dies, dass aneinander liegende Flächen mit der Breite $\Delta\omega$ und der Höhe des Restterms aufsummiert werden, diese Methode ist bekannt von der Integralbildung. Somit ergibt sich für die Summe $\sum_{\omega=-\infty}^{\infty}[...]$ ein Integral. Eine nähere mathematische Betrachtung dieses Zusammenhangs soll an dieser Stelle nicht durchgeführt werden. Daraus ergibt sich für $f(t)$ folgende Formel:

$$f(t) = \frac{1}{2\pi} \int_{-\infty}^{\infty} e^{i\omega t} * \left(\int_{-\infty}^{\infty} e^{-i\omega t_1} f(t_1) dt_1 \right) d\omega$$

Nicht periodische Schwingungen werden demzufolge, im Gegensatz zu periodischen, nicht als Summe sinusförmiger Schwingungen dargestellt, sondern als Integral solcher. Es werden nicht mehr die Frequenzen aufsummiert, sondern über ihnen integriert.[32]

Vergleicht man nun die Formel von $f(t)$, mit derjenigen für die Fourier-Reihe, so fällt auf, dass das Integral $\int_{-\infty}^{\infty} e^{-i\omega t_1} f(t_1) dt_1$ eine ähnliche Rolle einnimmt wie die komplexen Fourierkoeffizienten c_n, da sie beide mit der sinusförmigen Schwingung $e^{i\omega t}$ bzw. $e^{2\pi i n \frac{t}{T}}$ multipliziert werden. Dieses Integral wird nun jedoch nicht mehr als Fourierkoeffizient, sondern als die Fourier-Transformierte $\hat{f}(\omega)$ bezeichnet, für die allgemein gilt:

$$\hat{f}(\omega) = \frac{1}{\sqrt{2\pi}} * \int_{-\infty}^{\infty} e^{-i\omega t} f(t) dt$$

Die vorherigen komplexen Fourierkoeffizienten c_n wurden durch die Zahl n charakterisiert. Die Fourier-Transformierte von f wird nun duch die Kreisfrequenz ω identifiziert, d.h. man kann für jede belibiege Frequenz den Anteil im Signal f(t) herausfinden, indem man sie in die Fourier-Transformierte einsetzt. Dieser Prozess ist die kontinuierliche Fourieranalyse, mit dem Ergebnis der Fourier-Transformierten. Jener Vorgang lässt sich auch in die entgegengesetzte Richtung durchführen, d.h. kennt man die Fourier-Transformierte, so kann man auf das ursprüngliche Signal zurückrechnen:

$$f(t) = \frac{1}{\sqrt{2\pi}} \int_{-\infty}^{\infty} e^{i\omega t} * \hat{f}(\omega) d\omega \; [33]$$

---

[32] Vgl. Meyberg/Vachenauer (2006), S. 337

[33] Anm. d. Verf.: der ursprüngliche Faktor $\frac{1}{2\pi}$ wird aus Symmetriegründen aufgeteilt, sodass zwei Mal der gleiche Faktor $\frac{1}{\sqrt{2\pi}}$ bei $\hat{f}(\omega)$ und $f(t)$ erscheint. Es ist auch eine andere Darstellung möglich.

Dieses Verfahren nennt sich die kontinuierliche Fourier-Synthese oder auch inverse Fourier-Transformation. Die beiden eng miteinander verknüpften Funktionen $\hat{f}(\omega)$ und $f(t)$ werden auch als Fourier-Transformationspaar oder Paar von Fourier-transformierten bezeichnet. Wie bereits einleitend erwähnt, erkennt man nun, dass die Fourier-Transformation ein zeitabhängiges Signal in die frequenzabhängige Darstellung, auch Spektraldarstellung genannt, überführt. Mit der Fourier-Synthese gelingt das Reversible.[34] Diese Translation von Zeit- in Signalbereich und umgekehrt, ist in der Signaltechnik von außergewöhnlicher Bedeutung. Konventionelle Funktionen nehmen eine Zahl und liefern als Ergebnis eine Zahl, die Fourier-Transformation nimmt eine Funktion und gibt wieder eine Funktion zurück. Abschließend lässt sich feststellen, dass bei aperiodischen Signalen eine Überlagerung von Sinusschwingungen aller Frequenzen (vgl. Integral über ω von $-\infty$ bis ∞) vorliegt, mit jeweils kleinerm oder größerm Anteil, der von der Fourier-Transformierten bestimmt wird.

3.7 Praktische Anwendung der Fouriertransformation in der Signalverarbeitung
Audio-Filter werden gerne mit Hilfe der Fouriertransformation beschrieben. Auf ihnen ist oft angegeben, wie die Schwingungen in einem bestimmten Frequenzbereich, in ihrer Amplitude und Phase, verändert werden. Der Audio-Filter nimmt dazu das Eingangssignal, zerlegt es unter Anwendung der Fouriertransformation in die einzelnen Sinusschwingungen, nimmt alle für ihn interessanten Frequenzen heraus und verändert sie wie gewünscht oder unterdrückt manche Frequenzen sogar komplett. Die veränderten Schwingungen werden anschließend wieder zusammengesetzt (Fourier-Synthese) und man erhält das gewünscht Ausgangssignal. So lassen sich dann zahlreiche Bauteile wie Hoch- und Tiefpassfilter herstellen. Auch Equalizer, welche zur Tongestaltung eingesetzt werden, arbeiten mit zahlreichen Audiofiltern, deren Funktion auf der Fourier-Analyse beruht. Darüber hinaus kann die Fourier-Transformation auch angewandt werden, um Audio-Signale zu säubern, indem bekannte Störfrequenzen ausgeblendet werden. Ebenso lässt sich damit die Größe von Audio-Dateien verringern, indem nicht hörbare Frequenzen einfach weggelassen werden, ohne das Resultat damit stark zu beeinflussen. Diese Art der Datenkompression wird unter anderem beim MP3-Format angewandt. Ein weiteres Einsatzgebiet ist die Stimmanalyse und -identifikation, da jeder Mensch ein charakteristisches Spektrum liefert. Jedoch ist diese Technik, welche sich der Kriminalistik zuordnen lässt, heutzutage noch nicht ausgereift.

---

[34] Vgl. Glatz/Grieb/Hohloch/Kümmerer/Mohr (1996), S. 41f.

3.8 Beispiel Tonanalyse

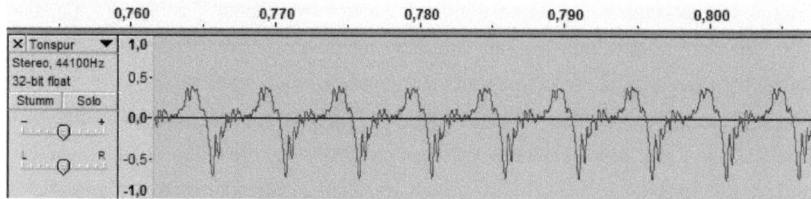

Abbildung 9: aufgenommenes Tonsignal

Obige Abbildung 9 zeigt den Ausschnitt eines aufgenommenen Tonsignals mit dem Audio-Editor Audacity. Es lässt sich eine gewisse Periodizität erahnen, wenngleich solche Aufnahmen niemals exakt periodisch sein können. Die Frequenzanalyse dieses Signals liefert das Ergebnis, wie es in Abbildung 10 zu sehen ist. Auf der x-Achse ist dabei die Frequenz der einzelnen Sinusschwingungen, die das Signal enthält, aufgetragen. Die y-Achse gibt die Intensität der jeweiligen Sinusschwingungen an. Da es sich um kein absolut periodisches Signal handelt, sind Schwingungen aller Frequenzen enthalten, wie sie uns die Fouriertransformation liefert (vgl. 3.6). Nichtsdestotrotz erkennt man deutlich die Ausschläge in gleichmäßigen Abständen, die auf ein nahezu periodisches Signal hindeuten. Betrachtet man nur die Spitzenwerte, so lässt sich offenkundig eine Fourier-Reihe erkennen. Die Grundschwingung ist bei annähernd 200 Hz, es folgen alle Oberschwingungen mit einem Vielfachen dieser Frequenz, d.h. etwa 400 Hz, 600 Hz, usw., die man ebenfalls sehr gut erkennen kann.

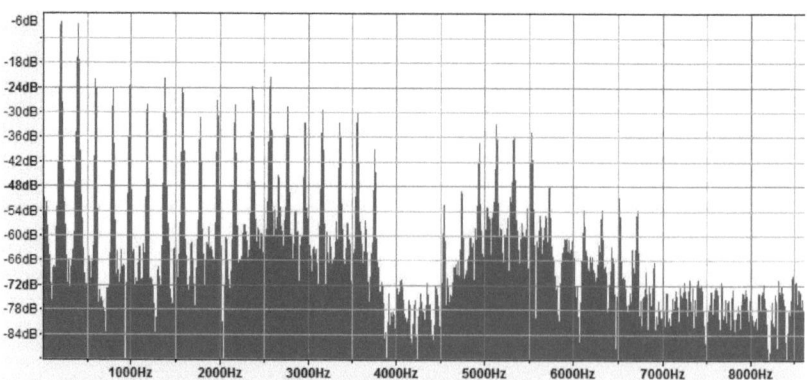

Abbildung 10: Frequenzanalyse des Tonsignals

4 Abschlussgedanke

Die Beantwortung der einführenden Fragen ist nun möglich. Die Tonqualität von Musik-Stücken und anderen Audio-Signalen lässt sich durch das Filtern von Störfrequenzen umsetzen, die Speicherreduzierung und somit auch schnellere Datenübertragung, gelingt durch Weglassen unnötiger, zum Beispiel nicht hörbarer, Frequenzen.

Die vorliegende Arbeit hat eine Einführung in die Fourier-Analysis geschaffen, die nicht nur in der Signalverarbeitung von großer Bedeutung ist. Joseph Fourier konnte seinerzeit gewiss nicht ahnen, welchem Nutzen sein genialer Gedanke heute in den verschiedensten Wissenschafts- und Technikzweigen zum Teil geworden ist und möglicherweise noch werden wird. Insbesondere in der Bildbearbeitung spielt sie eine große Rolle. Diese Mathematik wird dabei zur Speicherreduzierung, Kontraständerung oder zum Weichzeichnen von Bildern eingesetzt, um nur ein paar der Gebiete zu nennen. Die Helligkeitsschwankungen im Bild sind dabei Ursache für verschiedene Frequenzen, man spricht dabei in der Bildbearbeitung von Ortsfrequenzen. Wie unter Abschnitt 3.6 gezeigt wurde, kann man mit der Fourier-Transformation Signale vom Zeit- in den Frequenzbereich und umgekehrt überführen. Aus diesem Grund ist sie auch in der Elektrotechnik von großer Bedeutung, um Spannungen zu glätten. Weitere Einsatzgebiete sind in der Ozeanographie, zur Gezeiten- und Tsunamivorhersage oder auch in der Chemie, zur Spektroskopie und Elementaranalyse. Darüber hinaus ist die Fouriertransformation in der Quantenmechanik von außerordentlicher Relevanz, denn in diesem Gebiet der theoretischen Physik sind damit der Orts- und Impulsraum miteinander verknüpft, womit sich die Heisenbergsche Unschärferelation erkennen lässt, welche bekanntermaßen die bedeutsamste Entdeckung der Quantenmechanik ist. Die Fouriertransformation ist nur eine von vielen verschiedenen Integraltransformationen. Führt man ihren Gedanken weiter, so kann man damit auch im drei- und höherdimensionalen Raum arbeiten. Analog dazu wird eine ähnliche Mathematik ebenso bei der Computertomographie eingesetzt. Dabei wird das dreidimensionale Objekt mit Röntgenstrahlen abgetastet, sodass sich ein Spektrum ergibt. Aus diesem Spektralbereich lässt sich dann in den Raumbereich, d.h. zum reellen Objekt, zurückrechnen.

5 Abbildungsverzeichnis

Abbildung 1: ein periodisches Signal 1
- http://homepages.thm.de/~hg10013/Lehre/MMS/WS0102_SS02/Signalverarbei
tung/Images/Image2.gif (Stand 31.07.2012)

Abbildung 2: Zerlegung von weißem Licht durch ein Prisma 2
- http://www.schmidt-versand.de/media/images/spektrum.jpg (Stand 31.07.2012)

Abbildung 3: Gaußsche Zahlenebene.. 4
- http://upload.wikimedia.org/wikipedia/commons/5/59/Gaussplane_kartesianAn
dPolar.png (Stand 01.08.2012)

Abbildung 4: Überlagerung von Sinuswellen 6
- http://www.analogeklangsynthese.de/grafiken/history/Fourier.png
(Stand 08.08.2012)

Abbildung 5: Rechteckschwingung mit Periode 2π.. 11
- http://www.fh-friedberg.de/fachbereiche/e2/telekom-
labor/zinke/fourier/dipl_htm/dpl46.gif
(Stand 13.08.2012); Abbildung zur Darstellung bearbeitet

Abbildung 6: Spektrum der Rechteckschwingung.. 13
- http://upload.wikimedia.org/wikipedia/commons/thumb/6/60/FourierSpectrumOf
ASquareWave-de.svg/400px-FourierSpectrumOfASquareWave-de.svg.png
(Stand 14.08.2012); Abbildung zur Darstellung bearbeitet

Abbildung 7: nicht periodisches Signal mit Ausschnitt 14
- selbst erstellt mit "Audacity"

Abbildung 8: periodisches Signal, gebildet aus vorherigem Ausschnitt........................ 15
- selbst erstellt mit "Audacity"

Abbildung 9: aufgenommenes Tonsignal 18
- selbst erstellt mit "Audacity"

Abbildung 10: Frequenzanalyse des Tonsignals... 18
- selbst erstellt mit "Audacity"

6 Literaturverzeichnis

Bücher:
- Bossert Martin und Frey Thomas: Signal- und Systemtheorie; B. G. Teubner Verlag; Wiesbaden 2004
- Bronstein Ilja, Semendjajew Konstantin, Musiol Gerhard und Mühlig Heiner: Taschenbuch der Mathematik; Wissenschaftlicher Verlag Harri Deutsch; Frankfurt 2005
- Glatz Gerhard, Grieb Helmuth, Hohloch Eberhard, Kümmerer Harro und Mohr Richard: Brücken zur Mathematik Band 7, Fourier-Analysis; Cornelsen Verlag; Berlin 1996
- Lang Christian und Pucker Norbert: Mathematische Methoden in der Physik, Elsevier GmbH, München 2005
- Meyberg Kurt und Vachenauer Peter: Höhere Mathematik 1 – Differential- und Integralrechnung, Vektor und Matrizenrechnung; Springer-Verlag Berlin Heidelberg New York, 2003
- Meyberg Kurt und Vachenauer Peter: Höhere Mathematik 2 – Differentialgleichungen, Funktionentheorie, Fourier-Analysis, Variationsrechnung; Springer-Verlag Berlin Heidelberg New York, 2006

Internet:
- http://www.uni-magdeburg.de/exph/mathe_gl/fourierreihe.pdf (Stand 28.06.2012); angewandt unter 3.2, 3.3, 3.4, 3.5
- http://www.uni-magdeburg.de/exph/mathe_gl/fourierintegral.pdf (Stand 28.06.2012); angewandt unter 3.6
- http://www.uni-magdeburg.de/exph/mathe_gl/fourierreihe2.pdf (Stand 28.06.2012); angewandt im Anhang
- http://www.math.tugraz.at/~predota/old/history/mathematiker/fourier.html (Stand 30.06.2012); angewandt unter 1.1
- http://public.beuth-hochschule.de/~schwenk/hobby/fourier/Welcome.html (Stand 30.06.2012); angewandt im Anhang
- http://epub.sub.uni-hamburg.de/epub/volltexte/2010/5580/pdf/WHL_Schrift_Nr_17.pdf (Stand 30.06.2012); angewandt unter 3.1, 3.5, 3.7, 4

- http://klimt.iwr.uni-heidelberg.de/PublicFG/ProjectB/CFT/dipluschimpf/node10.html#SECTION022 00000000000000000 (Stand 30.06.2012); angewandt unter 3.6
- http://mfb.informatik.uni-tuebingen.de/book/node177.html (Stand 30.07.2012)
- http://www.katharinen.ingolstadt.de/chaos/komplex.htm#einfuehrung (Stand 31.07.2012); angewandt unter 2.1, 2.2, 2.3
- http://www.antigauss.de/komplex/komplex.pdf (Stand 31.07.2012); angewandt unter 2.1, 2.2, 2.3
- http://www.mathe-online.at/materialien/Andreas.Pester/files/ComNum/ComNumIndex.html (Stand 01.08.2012); angewandt unter 2.1-2.5
- http://www.tf.uni-kiel.de/matwis/amat/mw1_ge/kap_2/basics/b2_1_5.html (Stand 01.08.2012); angewandt unter 2.1-2.5
- http://getsoft.net/fouriertrans/index2.html (Stand 08.08.2012); angewandt unter 3.5
- http://www.mathe-seiten.de/fourier.pdf (Stand 08.08.2012); angewandt unter 1.1, 3.2.1-3.5
- http://www.uni-koblenz.de/~physik/informatik/DSV/Fourier.pdf (Stand 10.08.2012); angewandt unter 1.1, 3.3, 3.4
- http://www.google.de/url?sa=t&rct=j&q=einffouriertransform%20ppt&source=web&cd=1&ved=0CCkQFjAA&url=http%3A%2F%2Fwww.math4fun.de%2FThemen%2FEinfFourierTransform.ppt&ei=J70qUIHMC8jCtAae_oHYCw&usg=AFQjCNGo2cNqFlKbrZMtu408uoeuGYtTGQ&cad=rja (Stand 10.08.2012); angewandt unter 1.1, 3.2.1, 3.3, 3.7
- http://wwwitp.physik.tu-berlin.de/~basti/download/10_fourieranalyse.pdf (Stand 13.08.2012); angewandt unter 3.7

Sonstiges:

Zum Erlernen der Mathematik wurden zahlreiche Lehrvideos inkl. zugehöriger Skripte von Prof. Dr. rer. nat. Jörn Loviscach, Fachbereich Ingenieurwissenschaften und Mathematik an der Fachhochschule Bielefeld, verwendet.

Skripte: http://www.j3l7h.de/lectures/ (Stand 31.07.2012)
Videos: http://www.j3l7h.de/videos.html (Stand 31.07.2012)

7 <u>Anhang</u>

Darstellung der Fourier-Reihe zur Rechteckfunktion; erstellt mit dem Tabellenkalkulationsprogramm Excel

(zu 3.5 Fourier-Reihe einer Rechteckschwingung)

4	t	f(t)
5	0	0,5
6	0,01	0,5318135
7	0,02	0,5635221
8	0,03	0,5950215
9	0,04	0,6262087
10	0,05	0,6569825
11	0,06	0,6872441
12	0,07	0,7168975
13	0,08	0,7458506
14	0,09	0,7740152
2214	22,09	0,2017804
2215	22,1	0,1753259
2216	22,11	0,1498872
2217	22,12	0,1255325
2218	22,13	0,1023234
2219	22,14	0,0803152
2220	22,15	0,0595565
2221	22,16	0,0400887
2222	22,17	0,0219461
2223	22,18	0,0051559

Nach der Fourier-Reihe $f(t) = \frac{1}{2} + \sum_{n=1,3,5,\dots}^{\infty} \frac{2}{\pi n} sin(nt)$, werden in Excel nun möglichst viele Summanden aufsummiert. Die Zahl n gibt dabei die Ordnung der Fourier Reihe an. So werden in diesem Beispiel bei der Ordnung 7 die Grundschwingung sowie die Oberschwingungen mit der Frequenz 3,5 und 7 aufsummiert. In Excel (vgl. nebenstehende Tabelle) lautet die Berechnung dafür wie folgt:

=0,5+(2/(1*PI()))*SIN(1*A5)+(2/(3*PI()))*SIN(3*A5)+ (2/(5*PI()))*SIN(5*A5)+(2/(7*PI()))*SIN(7*A5)

Da in diesem Beispiel nur alle ungeraden n berücksichtigt werden, entspricht die Ordnung nicht der Anzahl der aufsummierten Schwingungen. Nachfolgend wird für unterschiedliche Ordnungen die synthetisierte Rechteckschwingung als Diagramm dargestellt. Einerseits erkennt man mit steigender Ordnung die zunehmende Annäherung, andererseits wird das unter 3.5 erwähnte Gibbssche Phänomen immer deutlicher.

Ordnung $n = 3$:

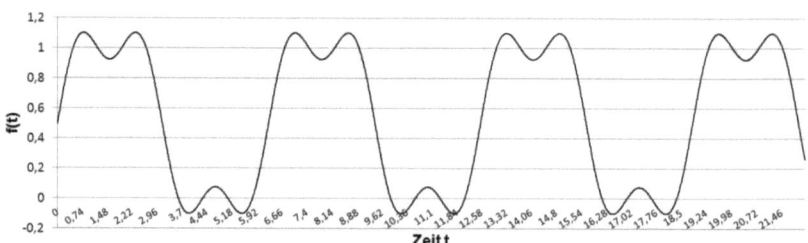

Ordnung $n = 5$:

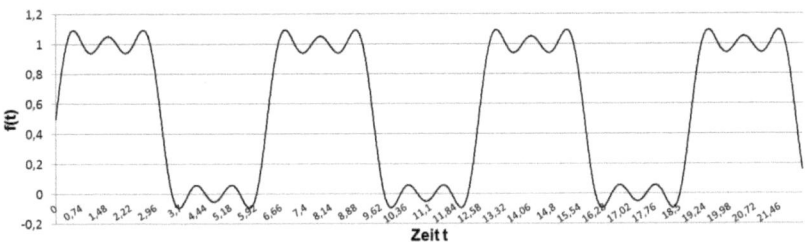

Ordnung $n = 9$:

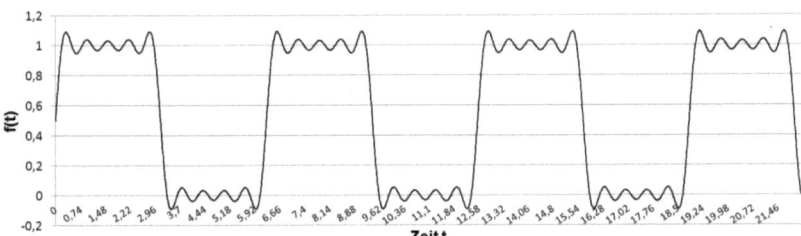

Ordnung $n = 19$:

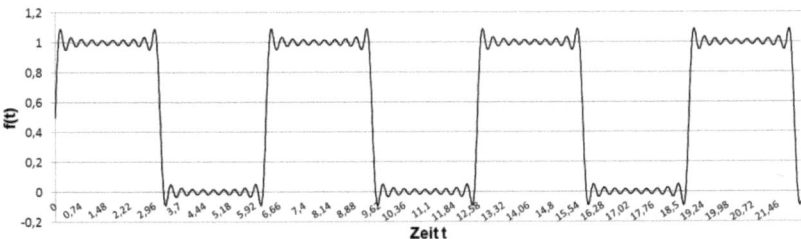

Ordnung $n = 35$:

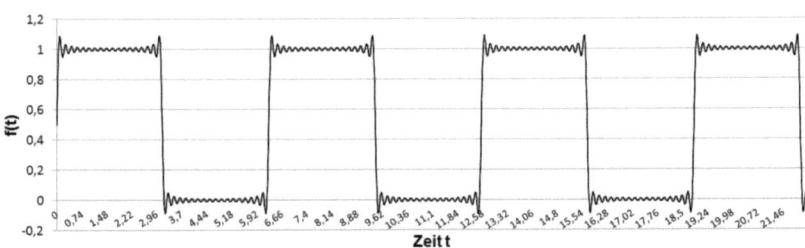

Ordnung $n = 75$:

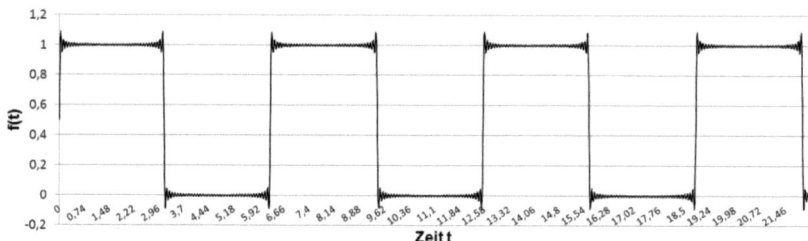

Ordnung $n = 99$:

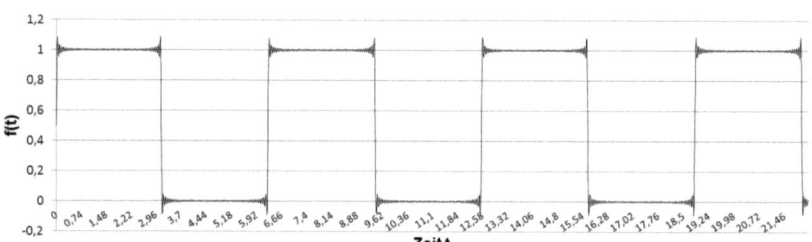

Ordnung $n = 199$:

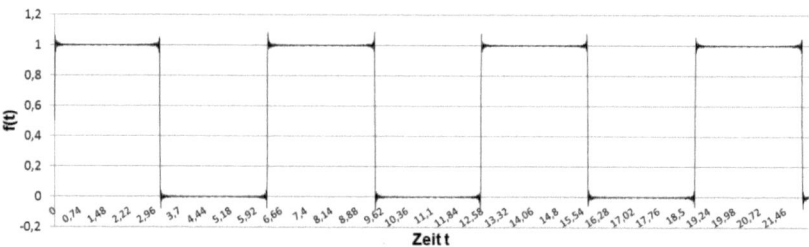

Ordnung $n = 299$:

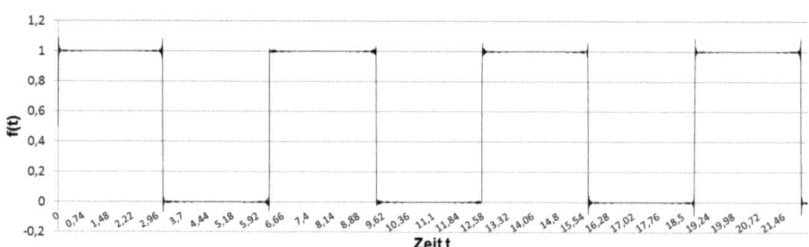

qualitative Erklärung der Fourier-Reihe zur Rechteckfunktion

(vgl. http://public.beuth-hochschule.de/~schwenk/hobby/fourier/Welcome.html)

Im Folgenden wird gezeigt, wie durch das Überlagern einzelner sinusförmiger Wellen, eine Rechteckfunktion mit der Amplitude A entsteht. Die vorliegende Rechteckfunktion ist achsensymmetrisch zur y-Achse, daher treten nur Kosinuswellen auf (vgl. 3.3). Ebenso ist sie nach oben verschoben, wodurch mit einem Gleichspannungsversatz von $\frac{A}{2}$ begonnen wird. Diese Funktion kann auch als Kosinus mit der Frequenz 0 bezeichnet werden. Bei der dargestellten Rechteckschwingung handelt es sich um folgende Summe:

$$\frac{A}{2} + \frac{2Acos(t\omega)}{\pi} - \frac{2Acos(3t\omega)}{3\pi} + \frac{2Acos(5t\omega)}{5\pi} - \frac{2Acos(7t\omega)}{7\pi} + \frac{2Acos(9t\omega)}{9\pi} - \dots$$

Nachfolgender Grafik kann man entnehmen, welcher Effekt sich durch den Gleichspannungsversatz für die erste Kosinuswelle ergibt.

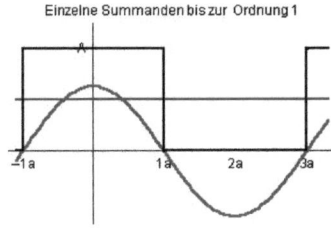

Einzelne Summanden bis zur Ordnung 1

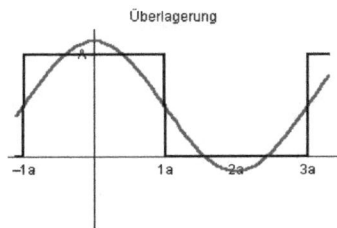

Überlagerung

Der braune Graph stellt die Grundschwingung dar. Die Frequenzen aller nachfolgenden Kosinusschwingungen, den Oberschwingungen, sind ein ganzzahliges Vielfaches dieser Schwingung.

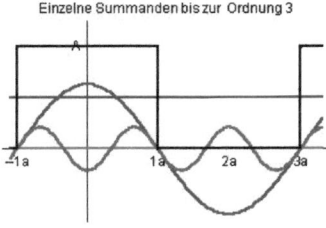

Einzelne Summanden bis zur Ordnung 3

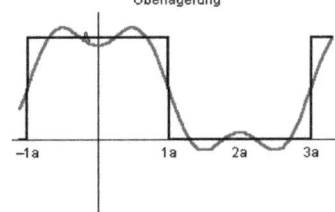

Überlagerung

27

Durch das Hinzufügen weiterer Oberschwingungen, mit 3, 5, 7, … -facher Frequenz, nähert sich der überlagerte Graph immer mehr der gewünschten Rechteckfunktion an.

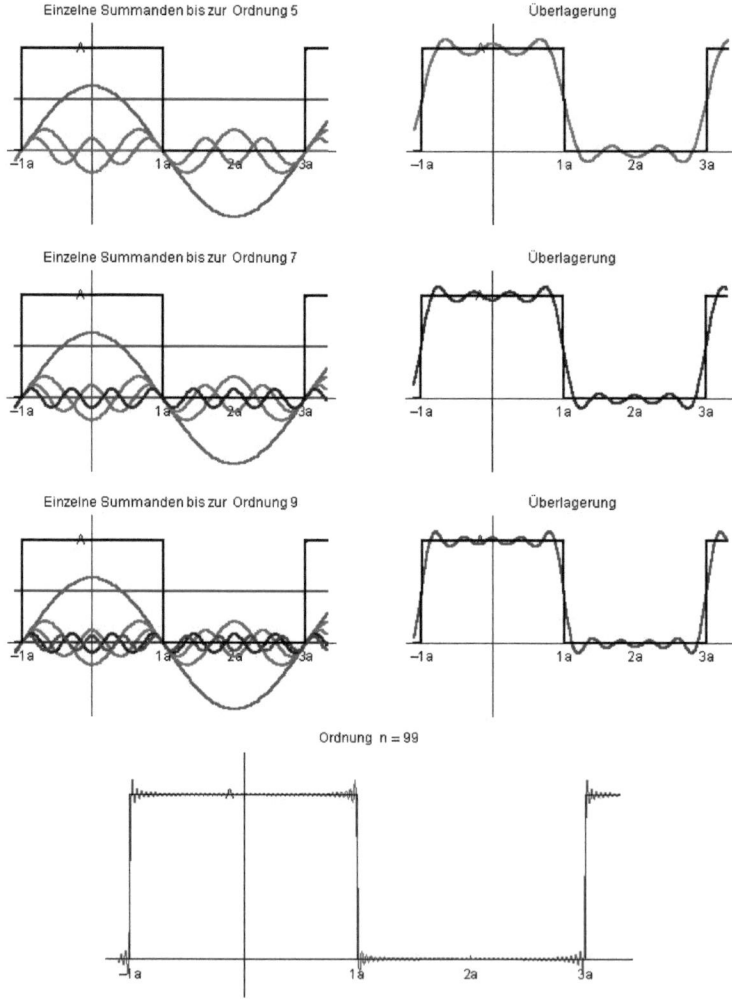

Steigt die Anzahl der überlagerten Kosinusschwingungen, so ergibt sich in guter Annäherung die Rechteckfunktion. Auch hier lässt sich das „Gibbssche Phänomen" gut erkennen.

BEI GRIN MACHT SICH IHR WISSEN BEZAHLT

- Wir veröffentlichen Ihre Hausarbeit,
  Bachelor- und Masterarbeit

- Ihr eigenes eBook und Buch -
  weltweit in allen wichtigen Shops

- Verdienen Sie an jedem Verkauf

Jetzt bei www.GRIN.com hochladen
und kostenlos publizieren